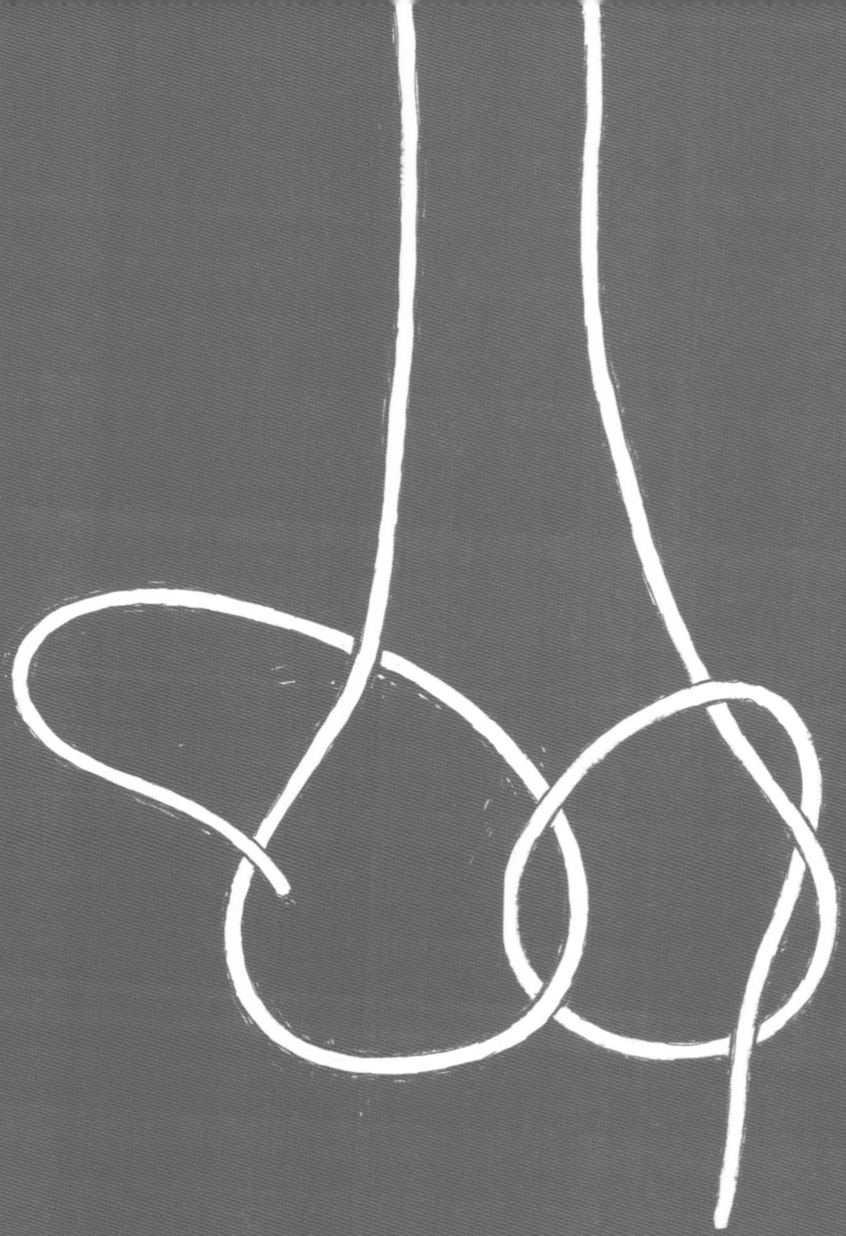

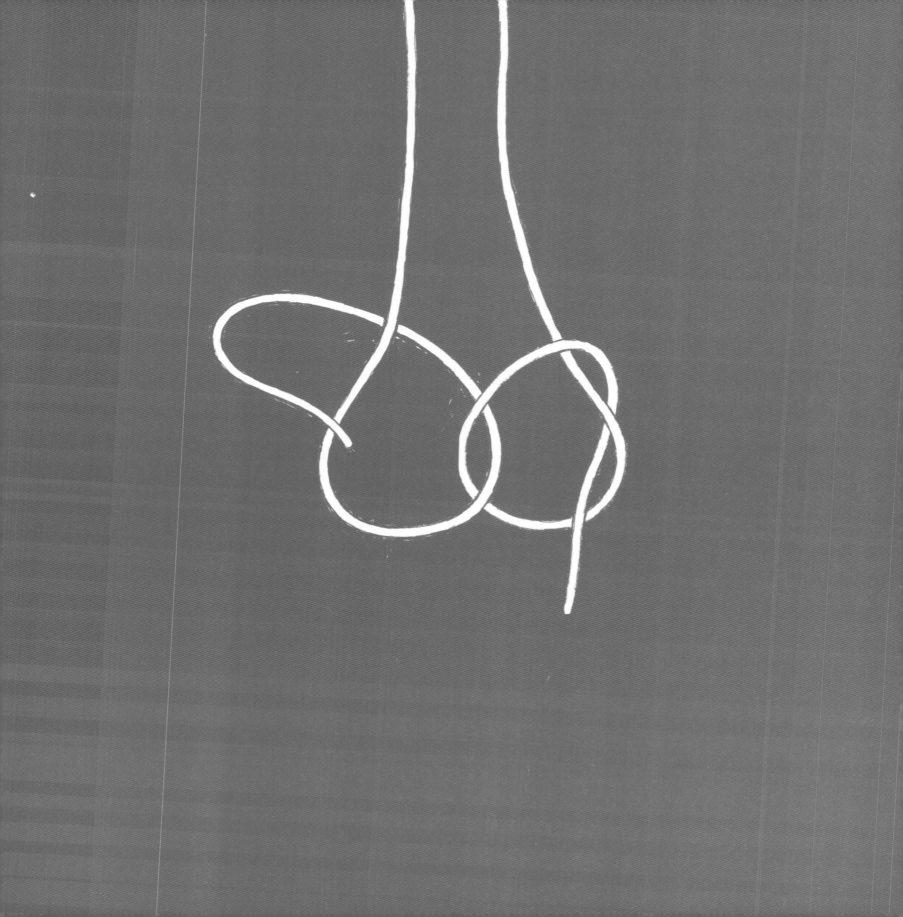

同心结

中　国　爱　情

冯旭 著
戚翔宇 绘

中国友谊出版公司

永恒的爱

同心结

一种古老而寓意深长的花结，首尾相连，寓意『永结同心』。

同心结玉佩

方胜纹

中国传统吉祥纹样，

寓意『心心相印』。

银鎏金点翠方胜饰品

并蒂莲

中国传统吉祥纹样，两朵盛开的莲花长在一根茎上，形影不离，象征『并蒂同心』。

斗彩并蒂莲纹瓷碗

双燕风筝

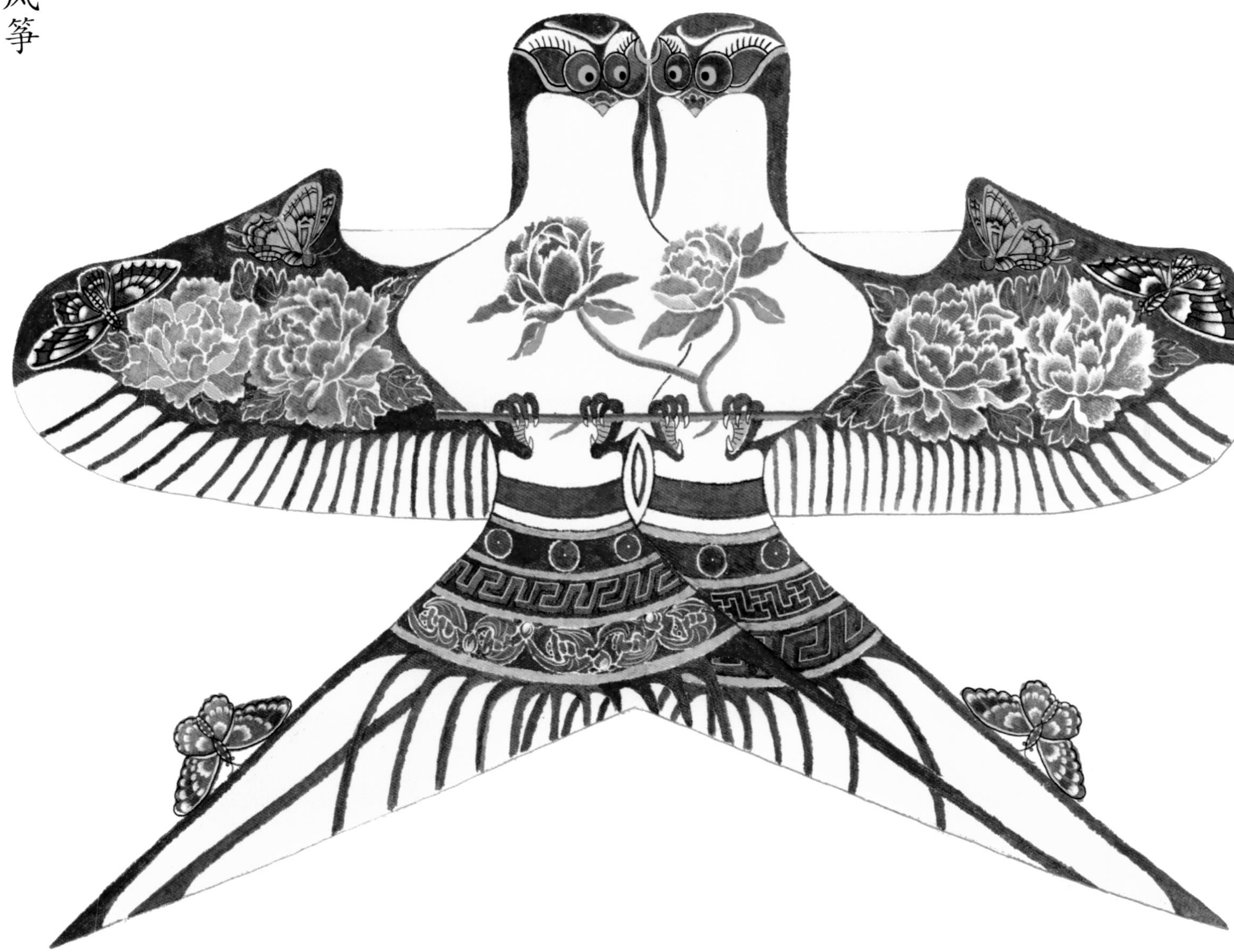

比翼鸟

中国古代传说中的鸟名。

『雌雄须并翼飞行』，形影不离。

蝶恋花

中国传统吉祥纹样，
才子佳人，成双成对。

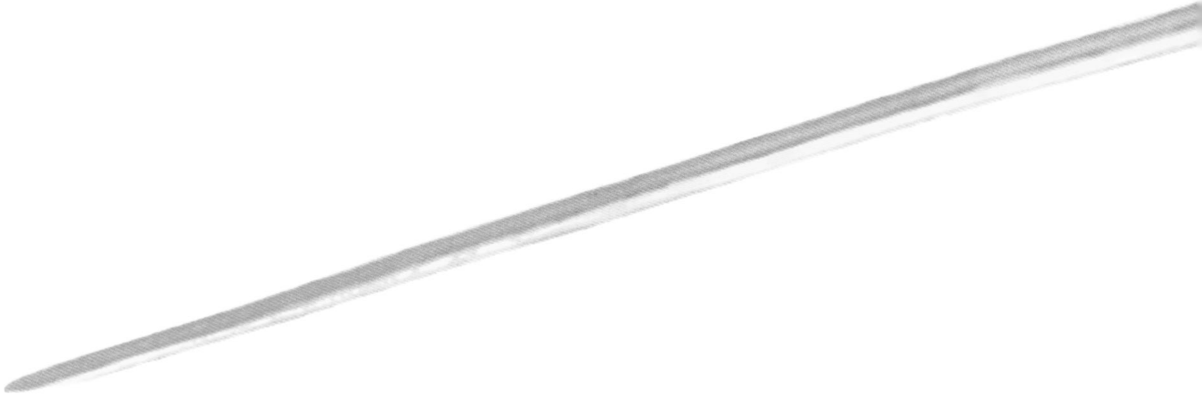

鎏金镶玉嵌宝蝶恋花发簪

黑白玉石双欢

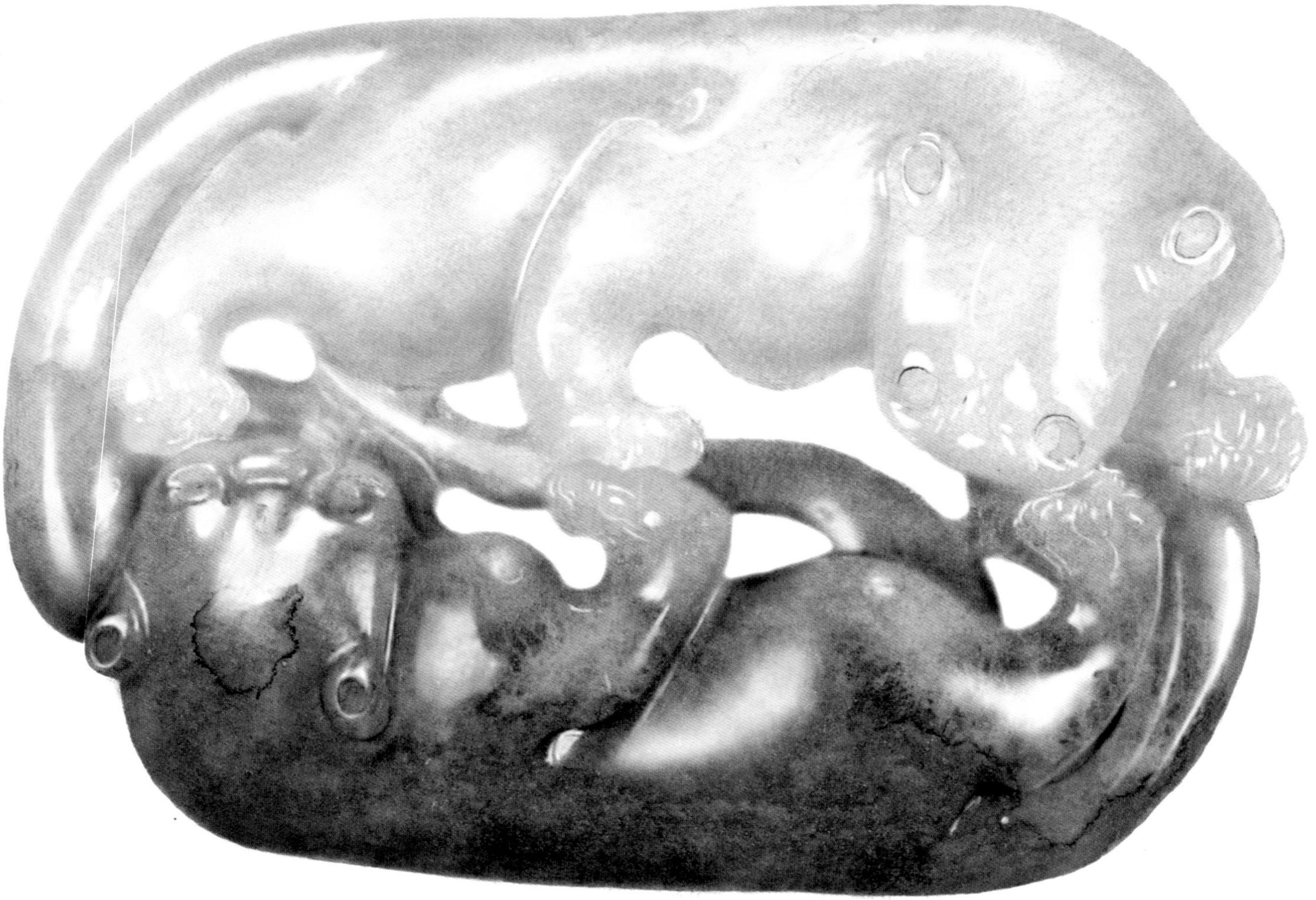

双貛纹

中国传统吉祥纹样，『双貛』是『双欢』的谐音，隐喻『欢欢喜喜在一起』。

芙蓉石双狮把件

双狮纹

狮子在汉代传入中国，在中国传统文化中，狮子是代表着力量与吉祥的瑞兽。雌雄双狮，天作之合。

双鱼纹

中国传统吉祥纹样，
两全其美，和谐统一喜相逢。

双鱼纹铜镜

鸳鸯纹

『止则相偶，飞则成双。』

中国传统吉祥纹样。

青花鸳鸯水滴

龙凤呈祥黄绸刺绣

龙凤呈祥

中国传统吉祥纹样，龙为鳞虫之长，凤为百鸟之王，龙凤相配，便呈吉祥。

双喜纹

双喜写作『囍』，预示着『好事成双，双喜临门』。

红双喜剪纸

后记

爸爸妈妈第一次抱起自己的孩子的时候，会感受到为人父母的重大责任。他们发自内心地想让孩子充分感受这个真实的世界，他们带孩子去动物园看动物，在街道上给他讲交通工具，讲生活中遇到的方方面面的事情。当然，也会无数次对着孩子说“爱你”，但什么是爱呢？我们应该如何介绍呢？

当下最直接关于“爱”的表述是一个心形符号，其实，我们中国古人有很多符号纹样用来表达爱，我们却不熟知。《同心结：中国爱情》绘本描绘出一系列纹样符号，表达出中国人对爱的独特理解，同时让这些美丽的符号展现在玉器、瓷器、石雕、金属器、纸品、刺绣等各种实物上。文化符号在生活中的美妙应用，让今人感受到了传统之美。这些丰富多彩的画面，让孩子拥有足够的想象力去理解未知的事物，了解中国人爱的表达，永远地陪伴，永远地在一起。

读完这一绘本，请与和你一起读的人相拥，然后获得最真实的感受。

中国符号系列绘本 推荐文

孩子比成年人更容易好奇，好奇自己，自己的家，家中的人、事、物，然后扩大到整个社会、国家……

孩子像历史学家，问自己的来源；像文化人，问祖辈的生活、事与物；像哲学家会思考……

怎么让他们满足上述的想象与求知，这套“中国符号绘本”可以由亲子阅读来完成。

孩子正是未来的主人翁，有了这套文化绘本，让他们由中国符号学习祖先的智慧，来完成中华民族伟大“中国梦”的传承与发扬。

黄永松

作者简介

冯旭，中央美术学院绘本创作工作室导师，iMadeFace/CosFace 创始人，艺伙（ARTFIRE）创始人，2002 年获清华大学美术学院学士学位，2008 年获中央美术学院硕士学位，广泛参与国内外展览及艺术活动。

绘者简介

戚翔宇，青年绘本作者、编辑，毕业于中央美术学院绘本创作工作室，原创绘本《影》荣获中央美术学院优秀毕业作品三等奖。

出 品 人：许　永
出版统筹：海　云
艺术总监：冯　旭
责任编辑：许宗华
特邀编辑：韩　晴
装帧设计：李嘉木
印制总监：蒋　波
发行总监：田峰峥

投稿信箱：cmsdbj@163.com
发　行：北京创美汇品图书有限公司
发行热线：010-59799930

创美工厂
官方微博

创美工厂
微信公众号

图书在版编目（CIP）数据

同心结：中国爱情 / 冯旭著；戚翔宇绘. — 北京：中国友谊出版公司，2021.7

ISBN 978-7-5057-5115-6

Ⅰ. ①同… Ⅱ. ①冯… ②戚… Ⅲ. ①绳结－手工艺品－制作－中国 Ⅳ. ①TS935.5

中国版本图书馆CIP数据核字(2021)第020415号

书名 同心结：中国爱情
作者 冯旭
绘者 戚翔宇
出版 中国友谊出版公司
发行 中国友谊出版公司
经销 新华书店
印刷 北京中科印刷有限公司
规格 787×1092毫米 12开
3印张 18千字
版次 2021年8月第1版
印次 2021年8月第1次印刷
书号 ISBN 978-7-5057-5115-6
定价 49.80元
地址 北京市朝阳区西坝河南里17号楼
邮编 100028
电话 （010）64678009

电话 （010）59799930-601

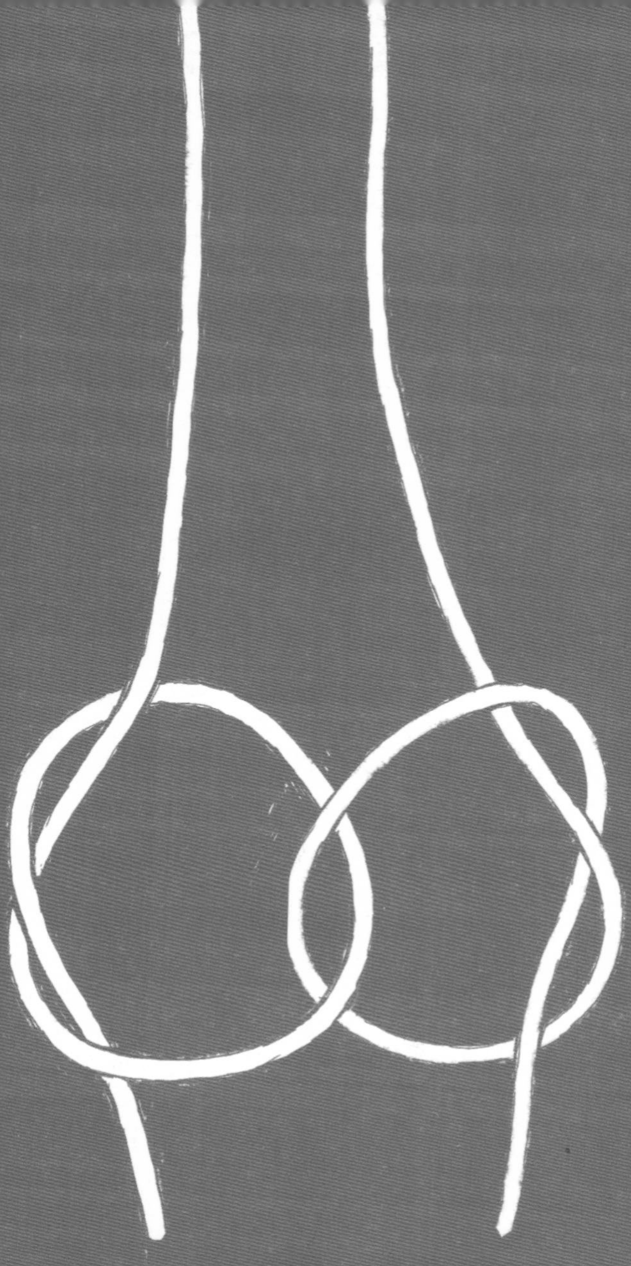

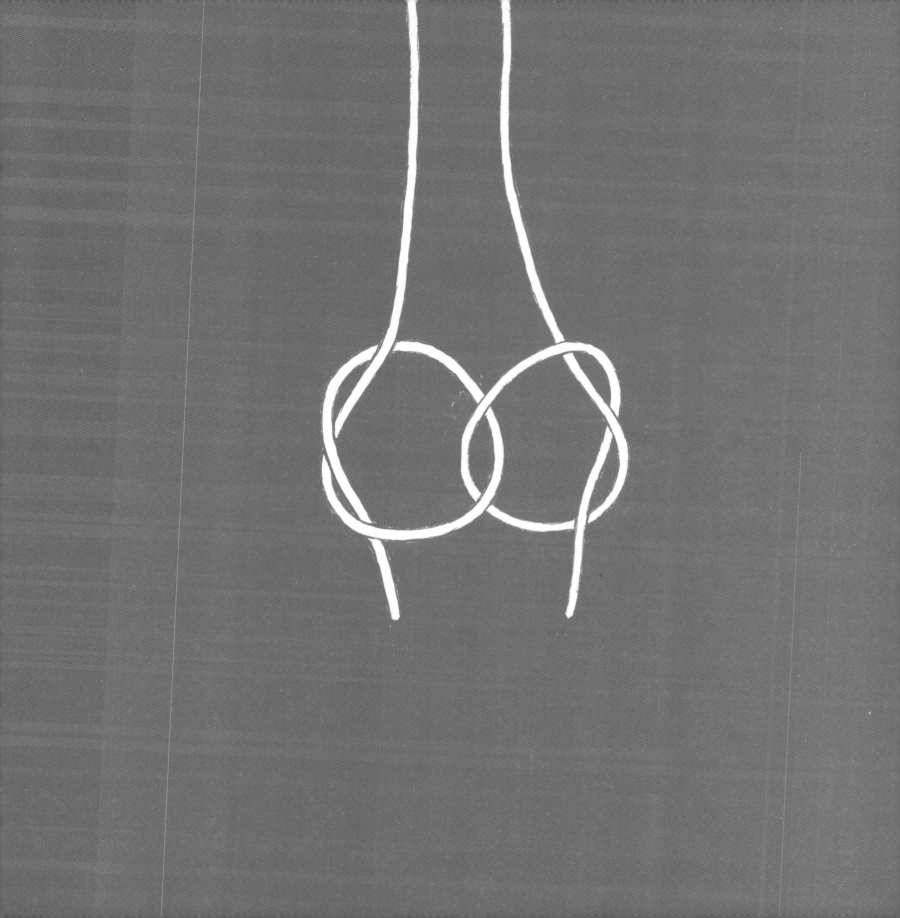